中国精致建筑100

筑境

丽江纳西族民居

中国建筑工业出版社

出版说明

中国是一个地大物博、历史悠久的文明古国。自历史的脚步迈入新世纪大门以来，她越来越成为世人瞩目的焦点，正不断向世人绽放她历史上曾具有的魅力和光辉异彩。当代中国的经济腾飞、古代中国的文化瑰宝，都已成了世人热衷研究和深入了解的课题。

作为国家级科技出版单位——中国建筑工业出版社60年来始终以弘扬和传承中华民族优秀的建筑文化，推动和传播中国建筑技术进步与发展，向世界介绍和展示中国从古至今的建设成就为己任，并用行动践行着"弘扬中华文化，增强中华文化国际影响力"的使命。从20世纪80年代开始，中国建筑工业出版社就非常重视与海内外同仁进行建筑文化交流与合作，并策划、组织编撰、出版了一系列反映我中华传统建筑风貌的学术画册和学术著作，并在海内外产生了重大影响。

"中国精致建筑100"是中国建筑工业出版社与台湾锦绣出版事业股份有限公司策划，由中国建筑工业出版社组织国内百余位专家学者和摄影专家不惮繁杂，对遍布全国有历史意义的、有代表性的传统建筑进行认真考察和潜心研究，并按建筑思想、建筑元素、宫殿建筑、礼制建筑、宗教建筑、古城镇、古村落、民居建筑、陵墓建筑、园林建筑、书院与会馆等建筑专题与类别，历经数年系统科学地梳理、编撰而成。本套图书按专题分册，就其历史背景、建筑风格、建筑特征、建筑文化，结合精美图照和线图撰写。全套100册、文约200万字、图照6000余幅。

这套图书内容精练、文字通俗、图文并茂、设计考究，是适合海内外读者轻松阅读、便于携带的专业与文化并蓄的普及性读物。目的是让更多的热爱中华文化的人，更全面地欣赏和认识中国传统建筑特有的丰姿、独特的设计手法、精湛的建造技艺，及其绝妙的细部处理，并为世界建筑界记录下可资回味的建筑文化遗产，为海内外读者打开一扇建筑知识和艺术的大门。

这套图书将以中、英文两种文版推出，可供广大中外古建筑之研究者、爱好者、旅游者阅读和珍藏。

目录

丽江纳西族民居

在我国西南边陲古称"丽江"、"神川"的金沙江中游，居住着一个历史悠久的民族——纳西族。金沙江沿纳西族主要聚居的丽江地区北部奔腾南来，又急转向北，在石鼓形成万里长江第一湾。这里处于青藏高原南端的高山峡谷、高原坝子之间。高耸入云的云岭主峰玉龙雪山，是北半球纬度最南的现代海洋性冰川，终年白雪皑皑，由北向南绵延35公里，像一条腾空飞舞的玉龙，屹立在富饶的丽江坝子北面，雄奇壮丽，蔚为奇观。滔滔金沙江水从玉龙雪山和哈巴雪山间穿山而出形成的虎跳峡，绝壁峭立，涛声如雷，惊心动魄，是著称于世的最深峡谷。镶嵌在宁蒗丛山中的绿宝石——泸沽湖的湖光山色、民族风情也驰名中外。

丽江地区属低纬度高原季风气候，垂直分布为寒温热三带，"一山分四季，十里不同天"。除少量海拔3000米以上的高寒山区长冬无夏，1800米以下河谷区冬暖夏热外，海拔在2400米左右的丽江坝等地，四季温凉长春无夏。年平均气温12.6℃，降雨量700—1200毫米，5—10月为雨季，雨量占全年85%以上。年日照2530小时，太阳辐射量仅次于西藏、青海。雨季多西南风，干季以西风为主。玉龙雪山享有"植物宝库"、"花的世界"的盛名。这里山川秀丽物产富饶，还是国家重点风景名胜区，有一座天然水库，雪水灌溉着200平方公里坝子的土地。农业以水稻、玉米、小麦为主，畜牧除骡、牛、羊外，以"丽江马"最为著名。手工业铜器银器远销西藏，久负盛名。地下还有金银宝石等矿藏，真是一个神奇富饶而美丽的地方。

一、神奇的东巴文化

图1-1 丽江地区位置示意图
丽江地区位于云南省西北部，包括丽江纳西族自治县、宁蒗彝族自治县及永胜、华坪四县。金沙江从石鼓北折后又急转向南，沿永胜县南境折向东去。专署所在地丽江，有公路、飞机航线通昆明。

图1-2 江山多娇/对面页
滔滔金沙江水经石鼓北折流至虎跳峡前。远处为海拔5396米的哈巴雪山，右侧山麓是纳西族居民村落，山上有公路通丽江古城。山峦葱郁、金江水碧，哺育了世代纳西族人民。

古人类"丽江人"的发现，说明10万年前丽江地区已有人类活动。纳西族先民是古代西北羌人的一支，3世纪初，南迁至金沙江流域，称"麽些蛮"。纳西族到13世纪中叶才从游牧生活转变为定居的农业经济。到1949年宁蒗、永宁等地仍停留在封建领主经济阶段，并保存着母系亲氏族的社会结构。纳西族绝大部分居住在云南境内，有30多万人，主要聚居在丽江纳西族自治县。语言属汉藏语系、藏缅语族、彝语支。

1.玉龙雪山
2.虎跳峡
3.石鼓

纳西族长期以来受中央王朝统治，受到中原汉文化的影响，并促进了经济的发展；先后还受吐蕃、南诏地方政权管辖，受到藏族、白族文化影响；汉传佛教与藏传佛教从南北两翼传到丽江而止。纳西族崇奉的东巴教是一种原始多神教，最初始于自然崇拜，以后发展出祖先崇拜和神灵崇拜，产生了巫师"东巴"，意即"智者"。7世纪在藏族本教的影响下，由部落宗教形成多神崇拜的东巴教。11世纪有很大发展，形成以香格里拉县（原中甸县）三坝区白地乡为中心的东巴文化。13世纪以来丽江地区大量吸收内地佛教、道教、藏传佛教，于是东巴文化有了进一步发展。东巴教虽无寺庙和统一组织，但对人民的生活、风俗、礼仪和精神生活都有极大影响，形成了一种独特的文化结构。

图1-3 玉龙雪山天下绝（张振光 摄）

丽江古城玉泉公园黑龙潭畔，象山脚下，三层"得月楼"的上空，就是银雕玉塑般的玉龙雪山。主峰扇子陡海拔5596米，如擎天玉柱，"犹如瑶岛飞空来，万壑千山暗无色。"

图1-4 虎跳峡——世界峡谷之最

金沙江从玉龙雪山与哈巴雪山之间夺关而出，
形成世界上最深最险的峡谷。峡长17公里，落
差200多米；谷深3600米、江宽仅30~60米，
涛声如虎啸雷鸣。相传猛虎从江心石跃过对
岸，故名"虎跳峡"。

图1-5 琉璃殿——风格独特的古刹

建于永乐十五年(1417年)的明代古刹,位于丽江城北约10公里的白沙。它坐西向东,面阔三间,规模不大,尺度宜人,重檐歇山,造型精巧,檐下遍施斜栱,镂刻纤细,殿内有明清壁画16幅,是云南省重点文物保护单位。

东巴文化在世界上久负盛名的是它仍存活的象形文字,并保存着用这种象形文字书写的1500多种2万余册东巴经,被誉为纳西族古代社会的百科全书。东巴舞谱、长10余米的巨型画卷神路图和以神话为主的东巴文学等,都是中华民族文化宝库中的奇珍异宝。民间音乐除诵经、配舞的东巴音乐和流传七百多年以演奏风俗性古典乐曲为主的"白沙细乐"外,还有明代传入的道教"洞经音乐",称"纳西古乐",其音律高雅、飘逸,并在汉族丝竹乐的清秀风格中,融进了纳西族民间粗犷的特色。建筑和壁画均吸收了汉藏的传统与技巧,风格独特。明代建的白沙琉璃殿、大宝积宫为重檐歇山顶,遍施斜栱,玲珑精致,与中原斗栱殊形诡制,而具地方特色。室内壁画把佛教、道教、喇嘛教、东巴教的神像糅合一起,线条流畅,色彩艳丽,是汉、藏、纳西族绘画艺术的融合。在节日方面除与汉族共有者外,纳西族还有自己的正月大祭天、二月祭三朵神等。丧

图1-6 大宝积宫——东巴文化的见证
位于琉璃殿处，建于万历十年(1582年)，面阔
三间。室内有明代壁画12幅，多为宗教题材，
并把东巴教与其他宗教神祇糅合一起，色彩鲜
丽，是纳西族吸收多种宗教与文化在建筑和绘
画上的反映。

葬则改"焚骨不葬"为土葬，墓地在台地上，朝东或南，讲究风水、视野。宁蒗、永宁笃信喇嘛教，有转山节（祭母神）；香格里拉白地有祭谷神节，本地春播秋收、起楼盖房、婚丧生死等，无不请东巴祭神驱鬼，禳灾祈福。

白地型文化保留了固有的东巴文化特征；永宁型文化吸收藏文化较多；丽江型文化的特点是：既保留传统的东巴文化，又不断吸收融合汉藏、白族文化，向前发展，形成开放性的纳西族文化。

二、高原水乡的丽江古城

在玉龙雪山南麓一马平川的坝子中间，闪烁着一颗璀璨的明珠——历史文化名城丽江。这是古人类的摇篮之一，西汉时称遂久县。古城始建于宋末元初，已有七百多年的历史了。1253年忽必烈跨革囊渡金沙江南征大理时，兵马曾驻扎在这里。现古城大石桥北面街巷，仍沿用古地名"阿营畅"，意为元军村寨。元代设丽江路宣抚司，明代改为丽江土知府，钦赐土司"木"姓；清代改土归流，由流官任府官；民国设丽江专员公署。1950年后成为丽江地区政治、经济、文化中心。

明朝称古城为大研箱，已有居民千余户，徐霞客《滇游日记》中说："居庐骈集，萦坡带谷"，并称木土司衙门"官室之丽，拟于王者"。还有汉白玉构筑高12米的忠义坊，檐牙高啄的玉皇阁、光碧楼等。清朝称大研里，1742年，有2638户，9400余人，1860年咸丰年间，古城大部分毁于兵燹，以后不断重建形成几千户万余人的规模。民国时期称大研镇，并沿用至今。

古城历史上是滇西北的商业重镇，滇康滇藏贸易的枢纽，还是与印度、尼泊尔通商的"茶马古道"必经之地。但大研镇直到明朝仍未筑城墙。因"丽江为木氏土司所辖，木被围则成困字，是以无城"，意即筑城墙后，木氏土司将被围受困，故不筑城。1725年（清雍正三年）仅于流官知府衙门周围筑城，该城后因地震倒塌，未修复。

图2-1 丽江古城大研镇鸟瞰（张振光 摄）

从狮子山上向东偏北俯瞰大研古镇，可见"民房群落，瓦屋栉比"。灰色筒板瓦顶高低错落，纵横交织，富有韵律感。中部树下广场即镇中心四方街，左下突起楼阁称科贡楼，整体和谐美观

图2-2 象山脚下西面一个村落/后页

远处山峦滴翠，周围田野碧绿。百余户两层纳西族民居，瓦屋栉比，树木掩映，仿佛一幅优美动人的图画。

　　古城大研镇北倚象山、金虹山，西枕狮子山（又称黄山），东南两面连接河流纵横的沃野良田，坐西北向东南，"负阴抱阳"、"藏风得水"，挡住冬季西北寒流，迎来夏季西南凉风，冬无严寒，夏无酷暑，四季如春。象山下清澈晶莹的玉泉水又称玉河，流至古城西北双石桥后，分为东河、中河、西河三条河道，流经全城，又分为无数水渠流到小街窄巷千家万户。处处石拱桥、平桥横跨溪流，古朴斑驳。城内还有多处龙潭泉水，居民担水洗菜不过三四十步，十分方便。路旁蔷薇吐艳，河畔垂柳依依，到处小桥流水，一派高原水乡特色。难怪俄国人顾彼得20世纪40年代来此，就"产生小威尼斯的幻觉"（载于《被遗忘的王国》）。近年来常被中外游人誉为"东方威尼斯"和"高原姑苏"。

　　古城的选址非常明智，许多专家访问过古城后，都认为与现代城市建设所主张的充分利用与适应自然环境的原则相吻合。目前新区的发展在狮子山西北面，与古城分隔而又有联系，从而完整地保护了这座历史文化名城。古城已成为旅游的热点和学术研究的宝库。

　　古城有山有水，道路不求平直，没有轴线，而是随地势高低、水网曲直、灵活布局，并不拘泥于中原城镇的棋盘式传统。房屋也因地制宜，不拘一格。有的前临清渠，有的后有水巷，有的顺坡而上。在四方街的矩形中心广场周围，街巷聚集、商店林立，是古城集市贸易中心。街面均用五色石铺地，雨季无泥泞，

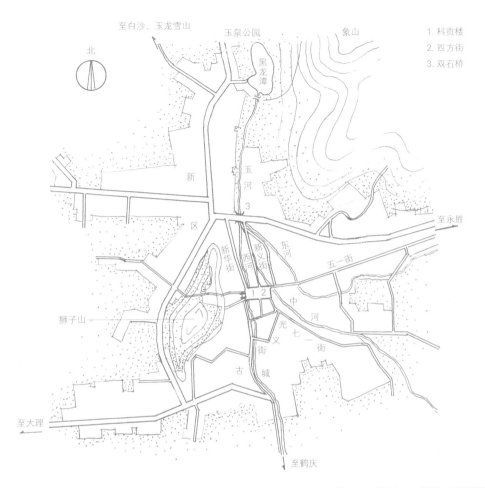

至白沙、玉龙雪山　　玉泉公园　　　象山

北

1. 科贡楼
2. 四方街
3. 双石桥

黑龙潭

新

玉河

区

3

至永胜

新华街
新义街
西河
东河

五一街

狮子山

4

1 2

中河

光义街

七一街

古城

至大理

至鹤庆

图2-3 古城脉络——路网与水系示意图
城镇没有轴线，河渠纵横交错，道路不
成棋盘，而是依势顺水自由布局呈网
状，如人体的经络血脉。古城西倚狮子
山，北靠象山，总体格局生机盎然。

图2-4 古树浓荫寒潭吐玉

古城内有龙潭多处，有的将泉水引至路旁水潭
中，并流入相连水池供居民取水、洗涤。此处古
树浓荫下，石雕龙头正向寒潭吐玉，居民在潭中
取水，池内洗菜，再下一池中洗衣。环境幽静，
清洁卫生；居民自觉循规蹈矩，古风犹存。

图2-5 高原水乡风貌
临街二层民居，有的底层开店楼上住人。路旁垂柳依依，河
内流水潺潺，真是"家家泉水饶诗意，户户垂杨富画情"。

干季不起灰，雨后地面益显五彩缤纷。古城整体风貌和谐，街景丰富，环境优美，具有浓郁的地方、民族特色。

古城风光绮丽的风景名胜，除玉龙雪山、云杉坪等外，还有玉泉公园。其内黑龙潭水玉洁冰清，游鱼可数；潭上石拱桥、得月楼与玉龙雪山相映成趣。郭沫若为得月楼撰书的楹联是最好的写照："龙潭倒影十三峰，潜龙在天，飞龙在地；玉水纵横半里许，墨玉为体，苍玉为神。"

潭北坡上的五凤楼，是由白沙福国寺内的法云阁迁建此处的。该楼建于明万历二十九年（1601年），高20米，平面十字形，为三层重

图2-6 古城水乡特色

这里东西道路临河，西边房屋临街背水，中间有斑驳的石拱桥相连。民居顺河、街而建，有的山面临水，有的挑出小屋，设木梯下到河岸，造型灵活，形式飘逸。

图2-7 造型优美的五凤楼

原建于明代，清光绪八年(1882年)重修，近
年迁入五泉公园内。每面均可见5个飞檐翼
角，如5只彩凤飞翔。高台基、石栏杆、叠
斗栱，镏金宝顶和隔扇装修，借鉴了汉、
藏、白族建筑传统而独具特色

檐攒尖顶楼阁（二层变为歇山），20个檐角高翘，各方均似五只展翅欲飞的凤凰，故名"五凤楼"。其造型优美，彩绘华丽，装修精致；宝顶金光灿烂，形制源于藏族佛寺；吸收了汉、藏、白族建筑传统，而形成纳西族独特的建筑风格。

城北广阔原野中的白沙村，除有著名的明代建筑和壁画外，村后山上玉峰寺内，有一棵500多年盘根错节，花开万朵的山茶树，称"万朵茶"，初春花开，若火树红霞，令人叹为观止，故有"云南山茶甲天下，山茶之王在丽江"之美誉。

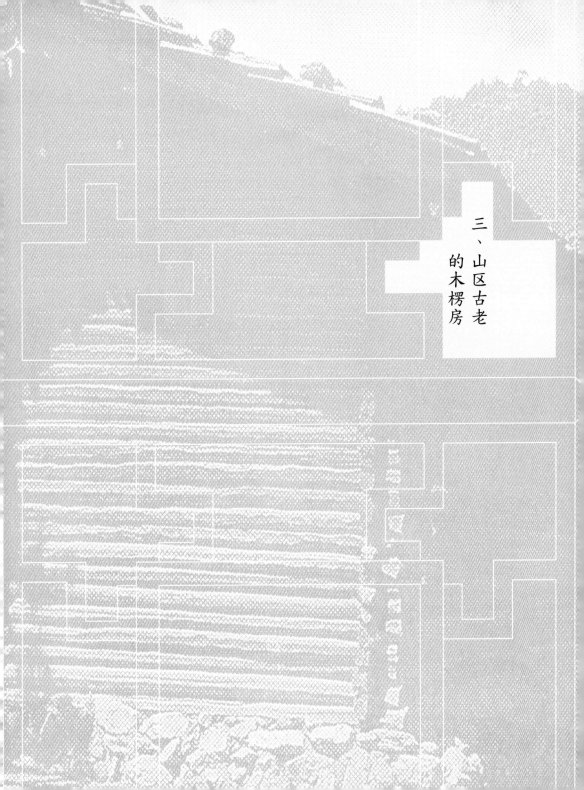

三、山区古老的木楞房

山区古老的木楞房

◎筑境 中国精致建筑100

东巴人在长期游牧生活中住帐篷和木架草顶的窝棚，进入农耕生产后逐步定居，产生安土重迁观念，开始建板屋。《东巴经》载："杉板七百块盖在房顶上；板上压石头，不让夏雨漏；青竹编篾笆，围在房四周，篾上抹黄泥，不让冬风刮进屋。"纳西语称为"木陈吉汁"，实为古籍中所谓的"西戎板屋"。此外，还有氏族成员聚居的"长屋"。

1639年徐霞客在《滇游日记七》中写白沙附近，"其处居庐连络，中多板屋茅房，有瓦室者，皆头目之居，屋角俱标小旗二面，风吹翩翩，摇漾于夭桃素李之间"。这时垛木墙、木板顶的木楞房早已出现。正式文献见于明正德《云南志》，麽些所居"用圆木纵横相架，层而高之，至十八层，即加桁，覆以板，石压其上，房内四面皆施床榻，中置火炉，用铁链刳木甑，炊爨其上"。乾隆《丽江府志略》下卷也称："旧时惟土官廨舍用瓦，余皆板屋，用圆木四周相交，层而垒之，高七八尺许……改流后渐盖瓦房，然用瓦中仍覆板数片，尚存古意。"

图3-1 宁蒗永宁落水下村摩梭人三合院/对面页
入口在木楞房的楼下，楼上是成年妇女接待"阿注"的小卧室，门内对着单层主房，与门楼相对的瓦房楼上是经堂，走廊墙壁上涂刷色彩鲜艳的油漆并绘有壁画。

这种木楞房又叫木摞房、木垒房、垛木房，纳西语称"细林庚吉"，建筑学名井干式房，一般均低矮。据传明朝木土司为了显示自己威严，只许平民盖板屋，规定木楞房门尺寸矮小，进门必须弯腰低头，即"见木低头"，隐喻向木土司俯首听命。

井干式木楞房除毛石基础外，完全用木材建造，山区可就地取材，经济适用，施工简便易拆迁，至今仍在纳西族山区建造，但在不同的自然社会环境与宗教信仰中有所不同。

丽江型文化地区。距县城30公里的山地太安乡，为一夫一妻制家庭，住一坊（或正房、厢房），呈曲尺形。有一座三合院瓦顶的木楞房，已有200多年历史。

白地型文化地区。香格里拉县白地乡位于群山环抱中的一块坡地上，土地肥沃，气候温和，以东巴教圣地而享有盛名，东巴教几乎渗透到社会生活的各个角落。这里为父系家庭，长子在家，余另立门户，都住木楞房，由一层正房和二层仓库、草楼组成一排或互不相连的三合院。正房为全家生活所在，内设高出地面80厘米、呈曲尺形的大小木床，相接的火塘上放铁三角作炊事，四周围木边摆饭菜。在风俗上，人不得踩踏火塘，否则会得罪灶神。两床相连处置神龛是祭祀诸神与祖先处。造新房一般先请东巴占卜择地，中柱与横梁交接处，放包好的谷麦数粒，用梁扣住表示屋"心"。择吉迁入时请东巴诵经拜神。大门口立两块

图3-2 泸沽湖畔的木楞房

高原明珠泸沽湖畔纳西族支系摩梭人居住的木
楞房，毛石脚，井干式墙体，木板顶。湖中古
老的独木舟称猪槽船，也供游人游湖，湖光山
色，环境幽美

石头，奉为门神，左为动神（男）右为瑟神（女）保佑一家人畜平安。

永宁文化型地区。这里的纳西族支系摩梭人为母系家族聚居，实行走访婚制，笃信喇嘛教，住房为三、四合院木楞房。主房一层设火塘，供灶神宗巴拉，是全家吃饭、会客、祭祀和老年、小孩的住处。门楼二层上分若干小间，为成年妇女居住、接待"阿注"，过偶居生活处。厢房一边为畜厩库房，一边楼上为木构架土墙瓦顶的经堂，供喇嘛念经。

木楞房的墙用15厘米直径的圆木，或截面为方形、矩形、六角形木料叠置而成，架檩后，自下而上铺宽20—30厘米、长约1.7米的木板做顶，再压上石块防风吹动。每年翻盖一次，维护好可用十余年。有的将木楞编号便于拆迁重建，可用五六十年。一般秋季伐木，次年二月盖房时，先向神灵祭献，全村人都来帮助，一天建成，否则人们认为会不吉利。有的有前廊，形成井干墙体与木构架组合，有的盖瓦或与土坯墙结合盖瓦顶。

古老的木楞房，历史悠久，有利抗震，建筑形象粗犷、稚拙、纯朴、自然，具有一种原生态之美。

四、家家流水，户户花香

明洪武十五年（1382年）明朝统一云南后，实行开放亲和政策，钦赐"木"姓土司，大量吸收内地的先进文化和生产技术，引进各种手工匠师，促进了纳西族建筑的进步。唐樊绰《蛮书》载："凡人家所居，皆依傍四山，上栋下宇，悉与汉同，惟东西南北不取周正耳"。说明受中原汉文化影响之深，仅房屋朝向不是正南北而已。高原水乡可谓家家引流水、户户爱养花。

临街民居多为联排式带商店二层住宅，有下店上宅、上店下宅、前店后宅，以及不同的组合，也有不设店的民居。

图4-1 水上空间——民居的延伸
古城傍水临新华街联排式民居，河边二层，街面单层。楼上前店后住，楼下厨房，各户均有便桥横跨河上，形成方便生活的水上空间。河畔绿树成荫，墙上盆景点缀，水中倒影憧憧，桥上空间宜人

图4-2 傍水空间——民居的花圃 右前页
某宅前街后河，高差3米，临街二层与街上建筑协调；傍河三层，有便桥出入。山墙收进，屋顶悬挑，披檐两重，造型巧妙。宅旁傍水空间花木茂密，是民居的花圃

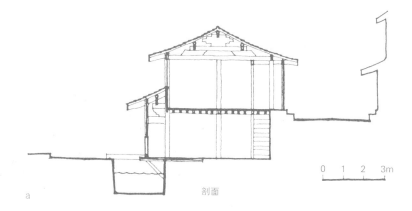

a 剖面

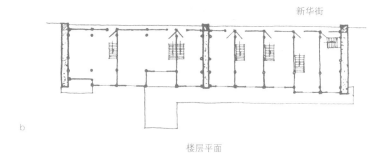

新华街

b 楼层平面

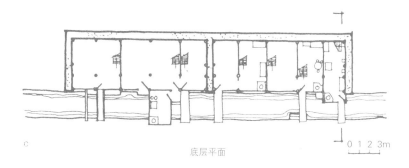

c 底层平面

图4-3 古城新华街联排式民居平面、剖面图

两层民居，高处一层临街，低处两层靠河，
可住6户。河上架桥5座，一户厨房跨河而
筑，一户悬挑河上，增加了使用面积和方便
出入、取水，形成民居延伸的空间。

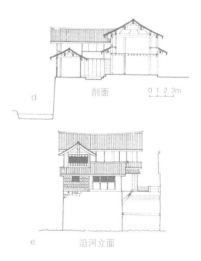

1. 堂屋　2. 铺面
3. 卧室　4. 贮藏
5. 厨房　6. 院子

图4-4 古城七一街某宅平面、剖面、立面、透视图
屋基填平后，建木构架、土坯墙、悬山瓦顶三合
院，底层临街开店，后面和楼上住人，坐西向东，
光线充足。河上毛石挡墙粗犷有力，与民居秀丽飘
逸形成鲜明对比。

家家流水·户户花香

筑境 中国精致建筑100

图4-5 河畔空间——民居的外院

两层联排临河民居前，"几树垂杨堤畔新"，盆景鸟笼岸边放，房檐下、石桥上有居民小憩，河边妇女正在洗衣，把河畔空间变成了民居外院。小桥流水，鸟语花香，环境幽静，一派水乡风光。

图4-6 花木扶疏的民居院落（对前页）

古城某宅内院一角，左正房右厢房，精美的铺地上，有珠兰等花木数十盆。绿树葱郁，庭院幽静，宜于居住，群众酷爱，是民居的精华所在。

民居与环境的关系有以下几种：

（1）前街后河。如古城新华街街面与河面高差约3米，某宅巧妙利用地形，临河为3层，底层作厨房便于用水；临街为二层，底层开店，楼上住人。有的宅旁花木扶疏，宅后小桥跨河。有的临河为二层，临街为一层，前店后宅。底层作厨房时，多设小桥通向对岸，有的利用河面空间跨水筑屋或悬挑水上，有的利用河岸石挡土墙，在其上建房。如七一街某宅为一二层混合，局部为一层三合院，是前店后宅与下店上宅结合。河上住屋高耸，外形错落有致，视野开阔，阳光充足，颇有"波心花落红千片，槛外杨柳绿万条"的意境。

（2）临街面河。一般为临街的两层联排式住宅，街边为小河，底层多为商店，楼上住人。有的民居则临河，河的另一侧是小路，房前小桥流水、垂柳红花，空间开阔，环境幽静。

（3）因地构筑。有的街道不傍河或为坡路，沿街两侧的二三层联排民居，随弯就曲顺坡而上，底层也多开商店。在坡地上的二层合院住宅，将临街的一坊底层作商店，有的则是上层临街开店，底层住人，完全适应地形，灵活多样。

有的人家在院子外面或在宅的一侧或后面增建花园，园中种花养鸟，逸趣盎然。有个纳西族作家说："宅院成为纳西人生命的灵都……魂牵梦绕的地方。"至今，"宅院情结，有增无减"。

图4-7 引水入院——民居的自来水

古城有些民居将院外清泉引入院内水池或取水口处再流出，居民取水十分方便。这种"水接仙源活活泉"，在过去的年代里，无异现在的自来水，构思奇巧。图上可见细泉流涡，苔痕点点，兰花数盆，颇有情趣。

五、亲切宜人的生活空间

筑境 中国精致建筑100

图5-1 平面类型示意图

纳西族民居的平面类型有5种。以三间为一坊，除一坊、二坊房与围墙组成院落外，主要有"三坊一照壁"、"四合头"、重院等类型，均为院落式民居。

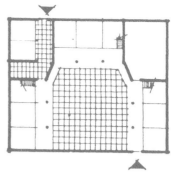

a 三坊一照壁

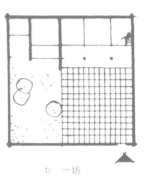

b 一坊

明末清初以来，除永宁、白地等地区仍建造传统的木楞房外，丽江地区随着经济文化的发展以及受中原和大理的影响，逐渐普遍建造木构土墙瓦顶的合院式民居。一般以三间楼房为一"坊"进行组合。平面形式有一坊、两坊、三坊一照壁、四合五天井或四合头、重院等多种类型。除贫民多建一坊、两坊房，富裕户建"四合头"、重院外，人们一般都喜爱三坊一照壁。两坊房是由正房厢房组成"L"形，其他两边用围墙围成院落。正房中间为堂房、其他是卧室。厢房一般作厨房，在农村则为畜厩库房。房前带廊的称厦子，是日常生

c 二坊

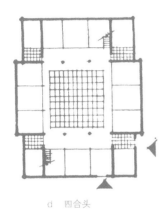

d 四合头

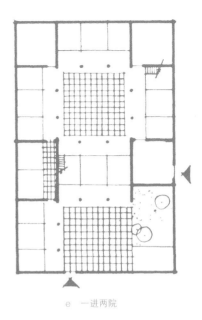

e 一进两院

活、休息、家务活动和农民收晾粮食的地方。

纳西族民居正房大多朝东、南或东南，"负阴抱阳"，避风采光，所以日照充足，冬暖夏凉。

合院式民居有以下几种形式：

（1）三坊一照壁。平面为方形或矩形，由正房、厢房、照壁组成。三面有廊围绕的内院又称天井；正房厢房相连的地方形成两个漏角天井，建较低的一二层房作厨、厕、畜厩、

图5-2 古城某宅三坊一照壁的内院/上图

右为一滴水照壁花台，左右是两层有廊的厢房，
主房台阶较高，瓶式石柱础，院中铺石块与草
地，空间开阔，尺度宜人，阳光满庭，花木茂
密，一个幽静恬适的生活空间。

图5-3 某宅四合五天井内院/下图

正面三间正房，玻璃窗是近年所装；两边各三间
厢房，顶部为倒座屋檐，四周有明亮避雨的单层
外廊。屋顶上下交错不用斜沟，可防漏雨。中间
大天井这个封闭的室外空间里，花木扶疏、鸟语
啁啾、环境优美，是居民活动的中心。

贮藏等用。正房中间为堂屋，供起居，待客；左间住老人，楼上存物，有的中间设祭祖神龛，子女住厢房，长幼有序。前廊和院子是主要生活空间，有的院子较大，可达90平方米，小一点的也有50平方米。

（2）四合五天井或四合头。由正房、厢房、倒座组成近方形四合院，除中间围合一大天井外，四角两坊相连处形成四个小天井，故名四合五天井。有时小天井多达5个，少的只有一两个。没有天井的称为四合头。四围走廊楼上楼下都可走通的，称走马转过楼。

（3）重院。由三坊一照壁与四合五天井组成2—4个院落，有日字形前后院，L形一进三院，以及田字形二进四院等多种形式。这类重院多为富家大户造，适合过去三四代同堂的父系家庭居住。重院是用双面厦房又称花厅来分隔和联系前后左右各院。主院或后院住主人一家，私密性强；在花厅接待宾客举行家宴；前院为杂务及佣人住处。重院中有的院子为子孙居住。

合院空间的优点是：对外封闭，对内开放，便于采光、通风、隔声、防盗、绿化美化环境，适合家庭生活休息和副业生产。但与北方四合院分散式平面、各房不相连的大天井不同，也与江南民居小天井避日晒相异，而是介于南北民居大小天井之间并独具特色。其平面形式与天井也不像白族民居那样规整统一，而是按需要和按地形灵活布置从而显出丰富多彩的特点。

　　院子还是纳西族社会生活的组成部分和婚丧、祭祀等活动的中心，娶媳妇要依照不能见天之风俗，在天井上面搭天棚，地下铺松毛……扎好松枝的迎亲牌坊，贴上大红纸的对联。新娘与新郎到堂屋拜祭天地、祖先、公婆后，到院中拜来宾，宴请宾客；当晚还要在院中燃起火堆，喝酒唱歌跳舞。办丧事停灵在堂屋内，将六扇格子门拆下敞开，"让其灵魂无阻地活动"，也要搭天棚，铺松毛，做到不见天和洁净，并宴请亲友十多桌和东巴当祭司祭拜。出殡前移棺于院内，家属随东巴绕灵三匝，诵《关死门》经。在祭天中，城镇无祭天场，每年轮流在各户房院中用树枝围棚及搭祭天棚，春节除夕也在院内搭天棚祭天。这类习俗于20世纪50年代后已停止。

图5-4　古城水巷民居——丰富的室外空间
两边民居背靠河道形成水巷，空间丰富。纳西族妇女身着民族服装在河上洗衣洗菜，生活方便。背披羊皮服上有七个圆形图案，一说为"披星戴月"，寓意勤劳；又一说为形似青蛙，是自古图腾崇拜青蛙的表现。

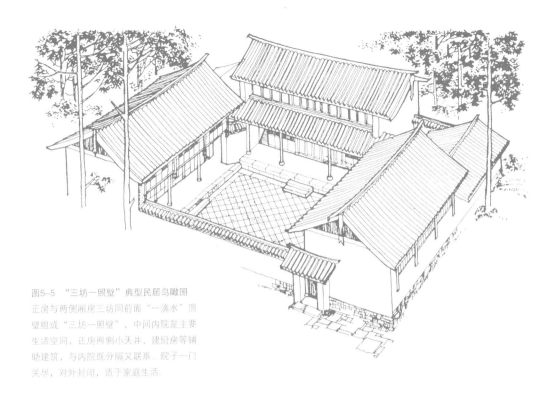

图5-5 "三坊一照壁"典型民居鸟瞰图
正房与两侧厢房三坊同前面"一滴水"照
壁组成"三坊一照壁",中间内院是主要
生活空间,正房两侧小天井、建厨房等辅
助建筑,与内院既分隔又联系。院子一门
关尽,对外封闭,适于家庭生活。

图5-6 古城傍水民居——水乡的生活环境
两面民居临水，有石拱桥、平桥横跨河
上，房屋高低错落，造型丰富。河边树木
葱茏，桥前有几人在作画，一幅水乡的室
外空间环境

院子周围的廊子一般都很宽阔，具有多种功能。廊子一般宽1.5—3.0米，可放餐桌摆酒席。在花厅前后两面则都有廊，是平时吃饭、休息、会客、副业劳动和节日婚丧摆席宴请的地方。这种多功能的半开敞空间，是丽江气候温和、群众喜欢户外活动习惯的需要，故能长期保存。

天井有大小主次之分，各得其所，互不干扰。院子是纳西族民居的主体和核心，与角落外的小天井既分隔又联系；穿过小天井进入院子，好像别有洞天。悬山式屋顶和外廊屋顶均在转角处上下错开，不用斜沟，避免漏水。漏角天井旁的房屋常作书房用。

0 1 2 3m

图5-7a 剖面

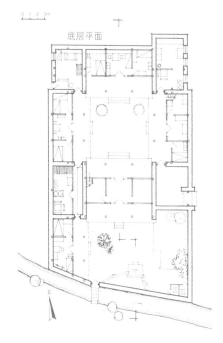

底层平面

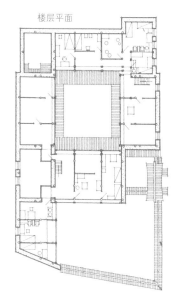

楼层平面

图5-7b 平面

图5-7 七一街某宅平面、剖面图

为一"四合头"与一坊组合成重院。南面临水，并引水入院；大门从东面对花厅山墙转90°入内院。家具布置为现在使用状况，但可看出正房厢房均有套间，可适应夫妻分住里外间的需要。

六、适应地震的建筑构造

图6-1 施工中的木构架
2层四开间，山墙为穿斗式，中间3榀是抬梁式，楼面和二层装槛窗处有穿枋，并从楼面挑出横木（称廈承），负担底层前廊屋面。木构架为承重系统，上脊檩时，贴红对联和横批，放炮祭献，以保平安。

丽江位于滇西地震活动带，近百年来曾发生多次地震，例如1895年大地震："有声如雷，官舍民房墙桓圮裂无算"，此地抗震设防烈度为8度。群众不断改进建筑构造，使房屋历一二百年至今犹存。

纳西族民居一般是木构架毛石基础承重，土坯墙或木壁，悬山式瓦屋顶。在构造上采取了许多有利于抗震的措施，有很宝贵的经验。

首先是加强构件之间的连接和整体性。例如，用梁檩穿枋联系木架整体，在梁檩下面加替木，以增加搭接长度；在金柱头上加"勒牛勒马挂"的挂枋，以及加强金柱间的连接；在前后檐柱头上，用一根檩及檩下挂坊统长三间，增强纵向刚度。柱脚均有纵横地栿梁拉结固定，支承在毛石基础上，与上部构件以隔板连接。

檩条

节点2

挂枋

勒牛勒马挂

节点2

统长串三间挂

a 立面

节点1

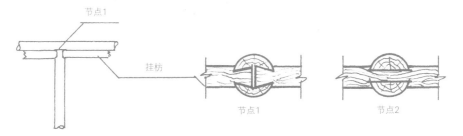

挂枋

节点1

节点2

b 剖面

图6-2 柱与挂枋的节点构造

为了加强连接，防止拉脱，节点1即挂枋与柱头节点，用银锭榫，即"大头榫"。节点2即勒牛勒马挂、统长串三间挂、出山挂与柱头节点，固定各柱，避免拉开（引自《丽江纳西族民居》）。

丽
江
纳
西
族
民
居

适
应
地
震
的
建
筑
构
造

筑境 中国精致建筑100

图6-3 施工中的民居/前页
毛石脚、侧砌土坯墙及木柱
纵横双向均向内倾斜收分。
檐下已做好窗槛，将用木壁
带窗，山尖亦将减薄，如两
边建成状况，以利抗震。

图6-4 建成的民居
檐墙上部为带形木壁间窗，
山墙上部收进变窄，山尖再
退进，用木壁或垛木架，下
重上轻，利于抗震。

木柱在纵向和横向上均按1%的斜度向内倾斜，叫"见尺收分"，形成柱脚外展，也叫"放侧脚"，以增强整体构架的稳定性。

中小构件与柱连接用大头榫即外宽内窄的银锭榫；大的构件如梁与柱用连续的两个大头榫连接，称两蹬榫；相叠的构件用暗销防止移动。要求做得严丝合缝，增加结构体系受力性能。

外墙多为土坯、冲土墙，有的局部包砖，也有用50厘米厚毛石墙，向内收分，下厚上薄，下重上轻。二层窗台以上常用木壁带窗，有的山墙二层做腰檐，上加木栏杆，全部用木门窗隔扇，减轻重量，有利稳定和抗震。即使在强震中震坏墙体，由于是木构架体系承重，所以"墙倒屋不塌"。有的民居沿土坯墙内装顺墙板，加上地板、天花、内木隔墙，形成一个六面板的箱形体系，抗震性能更好。墙倒时也只能向外倒。

七、轻盈优美的建筑风格

图7-1 轻盈飘逸的屋顶/前页
悬山屋顶坡度平缓、出檐深
远，屋面双向微曲，轮廓秀
丽。屋顶高低错落，纵横交
织，造型优美。檐下带形木
壁间窗与白色墙面形成鲜明
对比，十分醒目。

丽江纳西族民居

轻盈优美的建筑风格

◎筑境 中国精致建筑100

图7-2 古城傍水巷民居
水巷左侧民居建于绿树掩映
的坡上，右侧民居山墙临
水，露明的垛山木构架下，
开木格窗通风采光。屋顶及
悬鱼挑出很深，飘逸秀丽，
与下面新建砖砌三滴水照壁
互相衬托，相得益彰。

我国古建筑研究先驱刘敦桢先生，早在20世纪30年代末和40年代初，曾多次调查云南古建筑，并说："以丽江县附近者，最为美观而富变化"，"我国将来之住宅建筑，苟欲……犹保存其传统之风格……适应时代之新要求，则丽江民居不失为重要参考资料之一也"。对丽江民居给予了极高的评价。

丽江民居给人的印象，首先是它的轻盈飘逸的屋顶。屋脊的两端上翘，当地称"起山"。木构架中间的檩较脊檩和檐檩连线低，当地称"落脉"。常用做法为"起山五寸落脉三寸"，"起山三寸落脉一寸"，这样就使屋顶呈纵横双向凹曲，线条柔和而不僵直。为使

图7-3 古城某临河民居

空间层次丰富，外貌生动灵活、轻盈飘逸，小楼挑于河上，体形轻巧。环境优美恬静，有"春江水暖鸭先知"的意境和浓郁的高原水乡风貌。

墙面不受雨淋，出檐深远，悬山屋顶的山面向外挑出约1米，前后檐也在0.8米以上。屋顶坡度较缓，一般高跨比为1：4，称"五分水"，故外观舒展而不局促，加上宽厚的博风板与修长的悬鱼，屋顶显得轻盈飘逸，生动优美。这些做法是受汉族中原民居的影响，正如刘敦桢先生所说："几全为坡度平缓之悬山式，正脊仅覆筒瓦一层，但向两端微微反曲，构成十分秀丽的外轮廓线。至两端各施瓦当一枚，若汉阙汉明器所示。"

丽江民居的整体造型也十分活泼。正房、前廊地坪升高，体量比厢房、倒座高大。正房四开间时左梢间屋面跌落，五开间时则两边梢间均降低，纳西族俗话说："屋面一样高，平时易着火。"厢房的体量更小，屋顶更低，形成主次分明，错落有致的造型。特别是重院和三四进的套院，房屋更是纵横高低错落，空间变化十分丰富。

纳西民居多为石脚粉墙黛瓦，色彩素雅，立面构图清丽而富变化，不拘一格。一般在清水土坯墙的墙角檐下、山墙尖贴青砖，俗称"金镶玉"。外墙楼层窗台以上用带形木壁，中开木窗，墙面分割比例优美。褐色木壁与白色墙面对比强烈，远远望去，颇有现代建筑中

图7-4 古城小巷民居／对面页
流水沿巷自远而近，民居靠山建造，可见小桥5处跨水入户。悬山屋顶双向凹曲，轮廓秀美；红花绿树掩映，人居环境幽静。

的横向带形窗的韵味。特别是悬山屋顶的运用巧妙娴熟，常常是高低交错，纵横穿插，或在山墙开窗面水，或从石墙上悬挑出小屋，凌于水上，与现代设计手法如出一辙。临水的民居则跨水而入，小巷幽深流水潺潺，故有高原姑苏之誉。临街民居多二层、重檐，窗前置花草数盆，把立面点缀得生气勃勃，处处散发出纳西人的闲情逸致。

图7-5 古城小街风貌
晨曦照耀着东西向小街的5米石板路，和对景狮子山上的民居与参天大树；民居二层窗台上有花草数盆，相映成趣。

图7-6 古城小街的早晨
两层重檐民居，硬山屋顶，楼上住人，楼
下商店。道路微曲，阳光明媚，韵律感
强，比例适度，亲切宜人。

轻盈优美的建筑风格

筑境 中国精致建筑100

　　丽江纳西族民居具有很高的建筑艺术价值，许多独具匠心的处理方法，可为现代的设计所借鉴。古建筑研究先驱刘致平教授曾指出："这种绮丽多姿的风格。它那檐角错落相交，窗棂绮丽，墙面光平等，所造成的明快生动而有力的面貌，是国内住宅极为少见的。""云南最美丽生动的住宅，要算丽江。"这个评价是很公允的。

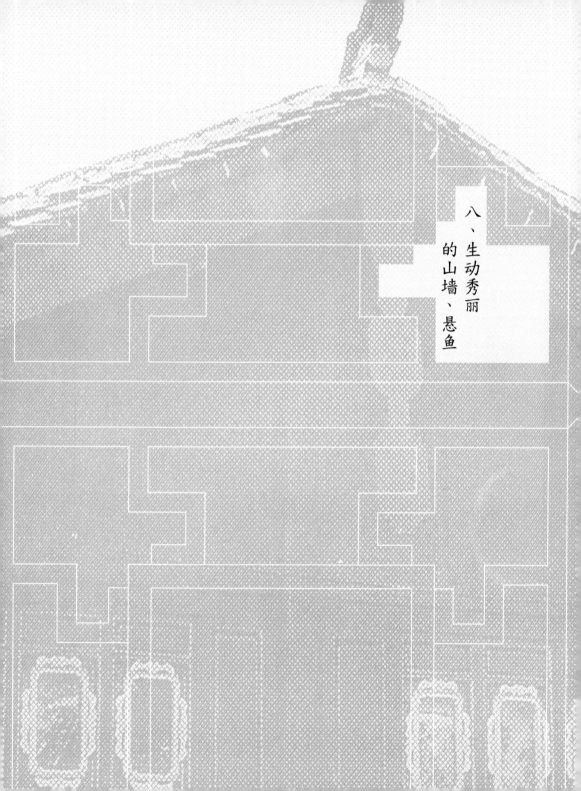

八、生动秀丽的山墙、悬鱼

纳西族民居多悬山屋顶，常以山墙临街面河，外观十分生动秀丽。这种悬山屋顶挑出甚长，厚实宽大的弧形博风板，钉在挑出的木檩头上，以防腐烂，人字形博风板顶端接缝处，装上宽约30厘米、长1米多的木板压缝，即悬鱼。从最初的鱼形发展为直线或弧线的各种几何图形，着重轮廓的变化，起到了美化山墙的作用。

悬鱼一词最初见于《后汉书·羊续传》："府丞尝献其生鱼，续受而悬于庭；丞后又进之，续乃出前所悬者，以杜其意。"在山墙上悬鱼有自示清廉之意。以后悬鱼演变成建筑的装饰物。《唐会要·舆服志》载："非常参官不得……施悬鱼……"，"庶人所造堂舍……不得辄施装饰。"可见唐代住宅上即有悬鱼，而且成为等级的标志物。这种鱼形物以后变成如意形以及其他各种花饰图形，但都称作悬鱼。宋李诫《营造法式》上称作如"素垂

图8-1 几何形图案悬鱼
一般悬鱼做法，长条形石施雕刻，着重外轮廓几何形的美观，成为博风板的装饰。山尖则用土坯顺砖斜砌成席纹。

图8-2 双鱼形悬鱼

这是现存民居的山尖，用的垛木架。博风板中间的悬鱼底部，仍雕刻成双鱼并列形。这种唐宋遗风说明中原文化影响之深远，也渗透了纳西族居民"吉庆有余"的意识

鱼"、"雕云垂鱼"等图样，已非鱼形，而是由几个如意形组成。

纳西族民居悬鱼至今仍沿中原古风，从博风板顶端悬垂，有的还保留了鱼的形象，象征吉庆有余（鱼）。刘敦桢先生半个世纪前就指出："丽江民居之屋顶……施搏风板及悬鱼；……均存汉代法"，"犹存唐宋遗风"。由于"地处西南边陲，其建筑之演变，恒较中土迟缓。故古法遗留，亦视他省为多"。

民居山墙有明显的收分，即墙体的外侧向内倾斜，墙的剖面呈梯形，给人一种稳定感。为了防止土墙遭受雨淋，常在墙头上做瓦檐或白色灰边，外观十分活泼生动。山墙面的建筑处理也不尽同，归纳起来有以下几种：

一是在山墙上不开窗或只开小窗。土坯墙在山尖下收进，形成有白灰边的"麻雀台"或加一层瓦檐，将上部木构架暴露。瓦檐下清水土坯墙四周包青砖，檐下开小窗；有的将山墙抹灰刷白，不拘一格，朴素自然。

另一类是在山墙上部开敞，设大窗，将楼上木构架暴露，山尖部分用木壁或垛木封闭，楼层用通长隔扇门窗，丰富了山墙立面。有的在楼上设廊，并加设木栏杆，房前全部为通透的隔扇，十分轻巧，与下面粗犷的实墙，形成虚实，明暗、粗细的对比。

图8-3 民居上部开敞的山墙/上图

山墙中部有腰檐防雨，二层和山尖木构架暴露；除木
壁外，用了8扇槛窗。中间矩形单心窗棂四周有四只
蝙蝠木雕与窗梃连接，打破了山墙的单调感。

图8-4 山墙开敞的带商店民居/下图

古城某宅两面临街，路边即水渠，有花木；山尖垛木
架下开通长木格窗，腰檐下全部装木门窗作商店，楼
上住人。山面开敞，灵活美观。

第三类是临街的民居山墙完全用木装修，不用实墙，楼上住人，全部开大窗，楼下开店。刘敦桢先生曾指出，这种临街住宅、商店，在山墙开窗采光，非常实用，"此自由配列之窗……腰檐与悬山式屋顶，随需要而参差配合，故其外观灵活美观，且不拘一格。"

九、清丽淡雅
的门楼和照壁

图9-1 木牌楼式门楼

古城光明街某官宅门楼，中间为大门，两翼作商店或住人。檐牙高啄如鸟欲飞，造型舒展，比例优美，颇似内地独立牌楼。屋脊通透是受白族建筑影响，隔扇门窗，鼓形石础又是民居做法。这种独立式木牌楼式门楼，工程较大，几为孤例。

图9-2 木构架三坡顶门楼 /对面页

某宅门楼从山墙入，转90°角即到内院。三坡顶即半庑殿顶，屋脊用砖瓦砌筑，显得通透，与民居屋脊仅覆筒瓦一层不同。门上装了一列垂花柱，有垂花门风采；门前红花艳丽，颇有居住建筑气氛。

大门是民居的主要入口并分隔内外空间，历来是建筑处理的重点，在传统上不仅讲求美观，而且还要满足心理上祈求吉祥，避免祸灾的需要。

按照风水的说法，宅之吉凶全在大门，要朝向吉方。在古城三吉方向为南、东南、东，故大门多偏向最佳的东南方。实际上这个方向背风向阳，符合自然条件。也有个别民居和大门限于地形不在吉向，则将大门转一个角度，形成斜门。

风水师主张门以"偏正为第一法"，不要从大门看到堂屋，以免太露。古城除土司官宦人家大门可开在正中外，均不得正对主房。"三坊一照壁"的大门常设在照壁旁一坊的外廊头上。"四合五天井"是从东南角小天井进大门，面对一小照壁，转90°进二门到内院。在倒座的端间设大门时，门前加曲尺形照壁，

或改在山面设大门。有的重院在正对花厅山墙前设大门，再转90°入内院。这样以曲折空间，封闭效果很好，与风水要求一致。

风水要求大门朝向山峰或水面，门不直冲巷等，是迎吉避凶，实际是避开喧嚣，建立民居与自然的良好关系，所以古城民居也以临水的较多。风水禁忌门冲丁字巷，说"路如丁字损人丁"，要设"石敢当"辟邪。所以纳西族民居大门都不正对大路，认为不吉利，实在让不开时，则在门口写对联辟邪："泰山石难当；箭来石敢挡"，与中原地区"石敢当，镇百鬼，压灾殃"的风水说法相同。

大门都做成门楼，一般附设在山墙或檐墙上，可直接进入室内。也有独立的门楼设在庭园的围墙上或四合五天井的漏角小天井前。进内院还有第二道门，是为了与外部隔离和防盗，使入口空间更有变化，是富裕人家深宅大院的常用做法。门洞一般宽1.8—2.0米，高2.6—3.0米，是令人感到亲切的尺度。

门楼有木构与砖构两种。木构门楼有牌楼式和垂花门式。牌楼式门楼由四坡水的三个庑殿顶组成，中间高两边低，又称"三滴水"，独立设置。如古城光明街官院巷某宅大门，全木结构，斗栱出挑深远，檐角高翘如飞，屋脊通透空灵，华板透雕精美，是受汉族和白族建筑的影响。

图9-3 木构架单坡顶门楼

一般民居小型门楼，左门楼为单坡顶即半悬山顶，右门楼为三坡顶，从墙面挑出，均有垂花柱，贴门神。右边门楼门前角上还有代表门神的小石礅。这种门楼无砖礅，轻盈淡雅，与民居悬山屋顶和山墙十分协调。

垂花式门楼一般附于墙上，做成半个庑殿顶或半个悬山顶，以挑梁、穿枋支承屋顶，常有垂花吊柱、雕梁画栋，两侧有砖柱，外观秀丽，亲切宜人。这种门楼因只有一个屋顶，所以又称"一滴水"门楼。

砖构门楼是用土坯外包青砖砌成"三滴水"门楼。砖拱承托门楼重量，在拱的半圆形中装木板，下为矩形木门；也有用砖平拱，层叠挑出承托上部瓦顶，在檐下分框档，对拱券作粉饰。这种门楼是受白族民居影响较多的一种。

在门楼门前两侧的角上，一般都置一对石兽，也有放两个方形小石墩的，门上贴门神。《东巴经》载："最初造物之神见'动'和'色'，即阳神和阴神。"传说大门两边各竖一石代表门神，是因动和色兄妹结婚，被惩罚看守大门。有一种说法是"过去纳西族门前都竖立象征阳神'东'与阴神'色'的两块石头，它们是家庭的保护神"；另一种说法是竖立两块石头，以示陆神和瑟神的灵魂，而把牦牛和老虎留在人间，封赐为门神。纳西族禁忌中也规定不能触动这两块石头。这些都是纳西族自然崇拜、多神崇拜和图腾崇拜的痕迹。

图9-4 砖拱式"三滴水"门楼（张振光 摄）/ 对面页
古城某宅独立砖拱式门楼，高低3个四坡顶，形似牌楼，靠墙而筑。门前左右两个小方石磴代表门神，是多神崇拜的遗迹；门楼造型则是白族民居等外来影响。

清丽淡雅的门楼和照壁

◎ 阅境 中国精致建筑100

三坊一照壁民居中，将正房前内院的围墙加以美化，称为照壁。它是正房堂屋的对景。一般，照壁的下部为石勒脚，中部为土坯，包砖并粉刷，上部有筒板瓦顶。壁前有花台。照壁有两种类型：三滴水照壁，中间四坡水屋顶高，两边两坡顶低；一滴水照壁，为等高的两坡顶，檐下均有砖线脚、框档，有的绘黑白花饰或图画。

纳西族民居照壁讲究比例，装饰简朴，顶部起翘甚微，与各坊屋顶和谐统一，外观清丽、淡雅、素净，和白族民居照壁的装饰多、起翘大的风格不同。

十、鬼斧神工的木雕装修

图10-1 情深意长的精美隔扇
某宅正房堂屋六扇格子门，
槅心以连续斜卍字纹为背
景，象征万福久长，上面雕
有"松鹤退龄"，"齐眉
（梅）祝寿（绶带鸟）"，
"孔雀朝阳"，"室（石）
上大吉（鸡）"寓意长寿吉
利；"喜鹊登梅"，"鸬鹚
探莲"隐喻喜庆欢爱。下裙
板雕避邪镇宅的祥兽麒麟、
狮、虎等；中绦环板上有
琴、棋、书、画、笙、箫浮
雕，纳福迎祥。

丽江民居的木装修，包括门窗、梁枋、栏杆等，随处可见精美的雕刻。民居内院底层的各坊和二层有外廊各坊，明间常装三樘六扇精雕细刻的隔扇，又称格子门，可开启一樘两扇，也可全部打开，或取下隔扇使室内全部开敞。在次间装槛窗，并用各种形式窗棂美化。栏杆、雀替和梁枋上的雕刻也十分精致，流光溢彩，十分动人。

丽江民居隔扇门也很有特色，一般高2.2—2.7米，宽0.5米左右。每扇用边挺抹头构成五个框格，上、中、下是三个小框装木板称绦环板，上部大框约1—1.2米，装透雕艺术品或精致花格称槅心，下部大框装裙板，常有浮雕。

有的用长矩形单心棂子和花头与边挺相连，槅心大部透空，有利采光；有的在其后装一块可升降装卸的木板以调节室内采光通风，板上有彩绘，称"美女窗"。也有用棂条组成冰纹、菱花等花格的槅心，后面糊纸或绢，仍可透光，也很美观。

最富艺术特色的是多层透雕的槅心，多为剑川工匠制作，内容有花鸟虫鱼、岁寒三友、琴棋书画、吉祥走兽等。雕刻技艺精湛，形象栩栩如生，有鬼斧神工之誉。木雕的内容常以谐音、象征和隐喻，寄托着居民祈求福寿、吉利、子孙满堂的思想感情。如象征长寿的"松鹤遐龄"；寓意富裕吉祥的"连（莲）年有余（鱼）"、"室（石）上大吉（鸡）"；隐喻喜庆爱情的"喜鹊登梅"、"鸬鹚探莲"；暗示纳福迎祥的琴棋书画、笛管笙箫；用来辟邪镇宅的祥兽麒麟、牦牛、狮虎等。特别是连锁的，卐字纹做透雕背景，应用很广，寓意吉祥富贵，连绵不断，称万字锦，并与变体"寿"字组成"团万寿"，表示长寿。"卐"原是古代符咒、护符，梵文中意为胸部的吉祥标志，是如来胸前符号，意思是吉祥幸福。唐武则天执政的长寿二年（693年），"权制此文，音之为万"，以后"卐"遂读作"万"或写成"万"。作吉祥图案时，仍标作"卐"。而西藏原始本教奉卍字为教符，写法与藏传佛教的卐字相反，佛教右旋，本教左旋，为永恒之意。东巴教也崇奉右旋卐字，称"嗯"，意

图10-2 形象美寓意深的槅心
某宅隔扇突出多层透雕槅心
并贴金，其余仅在框格周围
贴金线。形象优美，有"鹿
寿千岁"，"连（莲）年有
余（鱼）"、"室（石）
上大吉（鸡）"、表示长
寿、富裕、吉祥；"喜鹊登
梅"，"双鸭戏水"寓意喜
庆爱情。

为"好"、"吉祥"。纳西族象形文字ᛣ，读
"额"音，意吉祥。这个图形也是纳西族多种
宗教信仰并存的反映。希特勒将变形的"卐"
字定为纳粹党的标志，一时成为暴力恐怖的象
征，其实际上是两个"S"交错而成，即"国
家"与"社会党"的德文字头。这与佛教的原
旨没有丝毫关系，要加以严格区别。

在内院次间或梢间，装在槛墙或木壁上
的窗子上下有转轴，可向外或向内开关，称槛
窗。窗扇上下有通透或封闭的绦环板，中部最
高，多矩形单心窗棂，装上玻璃以利采光。窗
棂构图以几何形为主，式样精巧，层出不穷，
有菱花、梅花、乐字、冰裂纹、古钱等，还有
形态各异、做工精美的圆形、方形、矩形花格
窗；除满布式八角套菱形或方形等窗棂外，还
有连续的菱花、梅花等透雕花格等。有的槛窗
上加精美的横披以利通风；有的下面装栏杆，
更为美观。

图10-3 精美的槛窗、窗棂

某宅堂屋旁次间槛窗，窗上有通长花格横披，槛窗每
扇上下小框内用直横纹窗棂，均有利通风，中部为长
矩形单心棂子，装玻璃，简洁美观，有利采光。楼上
木格窗为满布式八角套菱形花格嵌花饰窗棂。

鬼斧神工的木雕装修

筑境 中国精致建筑100

　　内院外露的梁、枋、雀替、挂落等均有精致的浮雕或透雕，如将梁头雕成兽头或花饰，垂花柱雕成红色灯笼或金瓜喻义多子；有的在柱头檐枋施以彩画。木装修多漆成枣红色，为基本色调，再花饰贴金。彩画以蓝绿白色为主，淡雅而不过于华丽。

　　内院落上外廊栏杆多为直棂，有竹节、波纹及瓶式等；也有花格式的，如横竖纹、冰裂纹、回纹等。有的在明间挑出，做成美人靠。

十一、质朴自然的庭院

院子是居民活动的中心，人们常接触的台阶、铺地、花台、柱础、围屏等，是作艺术处理的重点，与繁茂的花木搭配成颇具园林趣味的庭院。有一首纳西族打油诗作了很形象的描写："小小园林曲曲门，雨余新绿长苔痕。忽闻鸟雀枝头语，问作何言又不言。"

院中的铺地一般用平铺的石板、方砖或立铺的砖瓦，中间填卵石。天井中常铺成对称的几何图案，四周还做二三层平纹、回纹等花边，看去十分质朴美观。有的局部植草，形成绿白相间；有的在抽象的几何图形中再点缀以具象的花饰，另有风趣。

最有艺术特色的，是用有寓意的图案和花草鸟兽组合成意味深长的铺地。如在圆的寿字周围加四只蝙蝠，意为"四蝠（福）捧寿"；或在圆形卵石铺地中以立瓦做出鹿与鹤的形象，意为"六（鹿）合（鹤）同春"，象征吉祥昌盛。纳西族过去有"求寿"习俗，由东巴念《长寿经》祈诸神赐福寿。民间剪纸也流行寿字，含有喜庆长久之意，贴在灯笼、窗户上，甚至在结婚的礼品上，而不贴喜字。庭院铺地用寿字同样是为了表达这种心愿。

图11-1 抽象与具象图案结合的铺地/对面页
某宅铺地在方形石板的边框内，以菱形石板与竖砌人字纹瓦片组成十字，使铺地呈"田"形。每个用卵石铺砌的小方块中，有瓦片砌成琴棋书画加飘带的图案，蕴含对富裕吉祥的向往。

图11-2 "四蝠(福)捧寿"铺地
某宅内院铺地以两层矩形石板中夹六角砖为方形边框；中间卵石地上有瓦砌的四瑞纹边框和四角四只蝙蝠，围绕中央侧砖瓦组成的圆形变体寿字。象征多福长寿，是居民祈福求寿观念的表现。

图11-3 外廊几何图案铺地（张振光 摄）/对面页
某宅外廊在阶沿石和鼓形柱础内，用六角形砖与卵石组成长条形几何图案铺地。这种园林式铺地与天井铺地整体和谐，独具匠心，增添了野趣。

廊子的铺地，常用六角、八角、方形砖平铺，与侧铺的瓦片、卵石组成韵律感很强的几何图案，衬托天井的向心铺地。

为了防雨、防潮，内院檐柱的柱础都用石做，由方形底盘石与柱础石两件合成，高约20厘米，常见的有鼓形、瓜形；有的还在鼓形表面浮雕卷草花纹。"走马转过楼"的檐柱高两层，柱脚部位受雨淋的可能性较大，所以柱础提高到50厘米，有圆瓶、方瓶、腰鼓等形式；有的还雕刻回纹卷草、"回蝠(福)闹寿"等图形。

正房和倒座走廊（称厦子）的两端有墙与小天井空间分隔，也是走廊的对景，称厦子照壁——围屏，常加以美化和装饰。一般用条石脚，土坯墙四围贴青砖，中间留一大块白墙画风景画；有的镶嵌绿白相间有山水鸟兽图形的大理石，上面题诗，宛如一幅名人画，这种处理方法大多受白族民居影响。

丽江纳西族民居类型发展简表

时期	民居类型	民居类型简要说明
旧石器时代的古人类晚期智人，称"丽江人"的发现，说明10万年前丽江地区已有人类活动 远古时期居住在西北河湟地带的羌人，南迁至岷江上游，再迁至雅砻江和金沙江流域	岩洞	根据东巴古籍，古纳西先民……先是住在岩洞中。俄亚纳西族民歌说："最初人类不建房，先住湿土洞……"
	窝棚	古纳西先民学会了用松树杆为骨架，上面盖杉板的窝棚，纳西语称"化督"
	毡房帐篷	在东巴古籍《崇搬图》中说："罗的搭毡房，产生了棚子上盖毡子的'固吉'。"
	板屋	以树杆为骨架，用竹子围四周，竹上涂黄泥，上盖杉板的房，纳西语称为"木陈吉汁"。 东巴经《东丁》载："剖七百杉板盖在房顶上，压三行石头，下雨不漏了"。《正德云南志》说："诗注两戎之习俗，以木板为屋，其由来远矣"。板屋是古羌戎住房的遗俗
	长屋	东巴经《高勒趣招魂》说："让大小术人去开九房之门，让术族的儿女去开一门九间之门。"这就是氏族成员居住的长屋

丽江纳西族民居

丽江纳西族民居类型发展简表

时期	民居类型	民居类型简要说明
3世纪"摩沙夷"渡雅砻江到巨甸、石鼓一带 7世纪（唐高宗）占丽江（当时称"三淡"）。吐蕃统治114年后服南诏管辖 8世纪初在宾川建立"麽些诏"，为六诏之一	木楞房	明《正德云南志》载："麽些蛮所居，用圆木纵横相架，层而高之，……覆之以板，石压其上，……"。称木楞房，纳西语称"细林庚吉"。《史记索隐》引《关申记》，"谓积木为楼，转向交架如井于云"，即井干式房
1253年元忽必烈封首土官，1275年设丽江路 1382年，明朝改为丽江府	瓦房	丽江木土司在大研镇狮子山东麓所建"宫室之丽，拟于王者"，白沙西崖脚"居庐连络，中多板屋茅房，有瓦室者，皆头目之居"，"旧时惟土官廨舍用瓦，余皆板房"
1723年清雍正元年，"改土归流" 1770年增置丽江县	木构架土墙瓦房（含一坊、两坊、三坊一照壁、四合五天井、重院）	改流后渐盖瓦房，然瓦中仍覆板数片，尚存古意
1912年中华民国元年废府留县	砖木结构瓦房	砖墙承重，木屋架，瓦顶，平立面仍为传统形式